U1070937

9

孩子喜欢的博物科普

涂色丛书

花儿的美丽秘境

花语

本书编委会 编

编委会成员

主　　编：王　娟

副 主 编：翰　墨

主　　审：余　箭

参编人员：王　晶　孔　媛　罗　玥　胡冬贤

毕祎琳　李嫣然　焦鑫善

（按姓名笔画排序）

电子科技大学出版社

University of Electronic Science and Technology of China Press

·成都·

图书在版编目(CIP)数据

花儿的美丽秘境. 花语 / 本书编委会编. — 成都：
成都电子科大出版社，2025. 1. --(孩子喜欢的博物科
普涂色丛书). -- ISBN 978-7-5770-1430-2

Ⅰ. S68-49

中国国家版本馆 CIP 数据核字第 2025AS0429 号

花儿的美丽秘境：花语

HUAER DE MEILI MIJING：HUAYU

本书编委会　编

策划编辑　段　勇　陈姝芳
责任编辑　刘　凡
责任校对　魏　彬
责任印制　段晓静

出版发行　电子科技大学出版社
　　　　　成都市一环路东一段 159 号电子信息产业大厦九楼　邮编 610051
主　　页　www.uestcp.com.cn
服务电话　028-83203399
邮购电话　028-83201495

印　　刷　成都理想印务有限公司
成品尺寸　185 mm × 260 mm
印　　张　3.5
字　　数　24 千字
版　　次　2025 年 1 月第 1 版
印　　次　2025 年 1 月第 1 次印刷
书　　号　ISBN 978-7-5770-1430-2
定　　价　30.00 元

版权所有，侵权必究

前　言

一个永远不会有标准答案，但又值得每个人思考的问题是：“为什么有的人生璀璨夺目，而有的人生却平凡无奇？”更奇怪的是，平凡的人生常常一帆风顺，而璀璨的人生却往往伴随着挑战、挫折和痛苦。

李白很希望能够在政治上有所作为。他曾被唐玄宗召入宫廷担任翰林供奉，由于不愿迎合权贵，逐渐遭到排挤。天宝三年（公元744年），李白被迫离开长安，当时李白面临仕途的挫折和生活的困境，虽然处于人生的低谷，却写出了传唱千年的《行路难》，其中词句“长风破浪会有时，直挂云帆济沧海”表明他依然对未来充满信心和希望。苏东坡被贬黄州之后，写出了千古名篇《定风波·莫听穿林打叶声》，其中词句“莫听穿林打叶声，何妨吟啸且徐行。竹杖芒鞋轻胜马，谁怕？一蓑烟雨任平生”完美表达了东坡先生面对人生风雨时的从容与豁达。斯蒂芬·威廉·霍金在21岁时被诊断出患有肌萎缩侧索硬化症，医生预计他只能活两年。霍金认为宇宙具有无限可能性和复杂性，即使我们无法完全理解它，但可以通过科学的方法逐渐揭开它的面纱，每一次进步都是一次美的体验。这种力量一直支持霍金在身体状况日益恶化的情况下始终坚持科学研究，在学术上取得了巨大成就。

回到刚才的那个问题，是什么让人生璀璨夺目，甚至在面对较大的挫折与苦难时，也能起到“定风波”的作用呢？其中至少有一个关键性的因素，就是“理解美、欣赏美、创造美的能力”，或者说美学的综合素养——如果要与智商做类比，我们甚至可以把这种能力称作一个人的“美商”。一个“美商”高的人，不仅能在学习文学艺术方面如鱼得水，在科学和技术领域往往也能事半功倍。

如果你是一位小朋友，在欣赏这些精美的图片与自己涂色时，这套书会在你心中埋下美的种子，潜移默化地提升你的“美商”。这套书不仅提供了很多有用的知识，也能让你直接与美的东西零距离接触。如果你是一位大朋友，我建议你可以拿出一段无人干扰的时间，用最好的彩笔给书中的黑白图上色。这是一段能够让你集中注意力的“冥想时刻”，虽然时间不长，但相信能够给你带来一种很独特的力量，这种力量能够多多少少帮助你获得内心的平静安宁。一页一页翻阅这套书，就是一页一页翻阅自己的内心，希望你带给这套书的每一缕色彩，都能驱散你心中一粒尘埃。

本丛书中的植株原型是明清时期的外销画，为了全面展示植物的花、叶、果实等的样貌和形态，部分插图同时呈现了植物的花和果实。经过几百年的变迁，书中的部分植物插图可能与今天的植物有一些区别，发生了一些变化，特此说明。

翰　墨

甲辰年，冬寒过半，春寒将至

目　录

一本博物科普涂色书，

让孩子在色彩中感受大自然的美丽！

花语

枇杷花

pí pá huā

枇杷一年四季都是绿色的，枝干粗壮，黄褐色，深绿色的树叶长而尖，像皮革一样，硬硬的，很有光泽，树叶上端边缘有锯齿。

枇杷花开在枝干顶端，花瓣是白色的。

枇杷的果实是长圆形的，黄色的果皮上长了很多细细的柔毛，果实成熟后，柔毛会脱落，表皮变得光亮。

hú lú huā
葫芦花

葫芦是一种攀援草本植物，它的茎和枝都有沟纹，可以让枝条攀附在支架或者别的植物身上。

葫芦的叶片形似展开的手掌，很大，白色的花在靠近叶子的地方开放。

它结出的果实就是我们熟知的葫芦了，成熟后的果皮会变得像木头一样，硬硬的。

lóng chuán huā
龙船花

龙船花是一种灌木植物，可以长到2米高。

它的树皮通常为灰褐色，小枝细长且柔软，叶片成对生长，叶面光滑，颜色深绿有光泽，边缘平滑无锯齿。

龙船花最引人注目的部分就是它的花，每个花序由数十朵小花组成，单朵小花通常有四个花瓣，呈喇叭形，花瓣的颜色多样，常见的有红色。

mù guā huā
木瓜花

木瓜的叶片呈椭圆卵形或椭圆长圆形，边缘有刺芒状尖锐锯齿，叶子的颜色是深绿色，表面光滑且富有光泽。

木瓜花从叶片下开出，花朵通常是淡粉红色。

木瓜的果实比较大，通常为椭圆形，果实的表皮是绿色的，成熟后会变为暗黄色。

nán guā huā
南瓜花

南瓜有一个长长的主干，有点像藤蔓，它可以攀爬得很远。

南瓜的叶子非常大，形状有点像手掌，上面有五条明显的“手指”。

南瓜花非常漂亮，颜色通常是明亮的黄色。

南瓜的果实形状像灯笼，成熟的南瓜表皮通常是橙色的。

chòu mò lì
臭茉莉

臭茉莉是一种小型灌木，它的枝条细长而柔软，全身长满了柔毛，叶片呈宽卵形，顶端逐渐变尖，边缘有一些稀疏的锯齿。

臭茉莉的花密集地开在枝端，聚集起来形成伞状花序，花冠是白色的，略带一点淡红色。

jīn sī hǎi táng
金丝海棠
（金丝桃）

金丝海棠是一种灌木，小枝纤细且多分枝，叶片呈长椭圆形，两端尖，摸起来像纸，成对生长。

金丝海棠的花朵非常漂亮，金黄色的花瓣完全开放后，露出如金丝一般的花蕊，通常一朵花有25~35支花蕊，花蕊也是金黄色的，就像是金色的丝线。

bái mù xiāng
白木香
（土沉香）

白木香是一种中等大小的树木，树皮通常是灰色或灰褐色，表面有些粗糙，深绿色的树叶表面光滑，摸起来像皮革。

白木香的花朵非常漂亮，通常是白色的。这些花朵通常有五片花瓣，一朵朵聚集成簇，从远处看就像树上挂着一串串白色的小灯泡。白木香的花香味浓郁，老远就能闻到。

yín hóng mǔ dān
银红牡丹
（牡丹月季）

银红牡丹虽然名字中带有“牡丹”，花型看起来也与牡丹花相似，但它实际上是月季的一个品种。

银红牡丹的叶子呈长椭圆形，上边缘有两个小小的锯齿，看起来像三叉戟。

银红牡丹的花朵非常大，深红色的花瓣层层叠叠，花瓣边缘呈深红色，花朵开放时会散发出淡淡的香气。

méi guī
玫 瑰

玫瑰是蔷薇科蔷薇属的一种灌木，能长到2米高。

玫瑰的茎比较粗壮，枝条上有很多小刺。它的叶子是复叶，边缘有小小的锯齿，颜色呈鲜亮的绿色。

玫瑰的花朵非常漂亮，花瓣柔软而光滑，层层叠叠地包裹着花蕊。玫瑰花开放时，会散发出阵阵沁人心脾的甜香。

yè xiāng mù lán
夜香木兰

夜香木兰是一种常绿小乔木，树皮灰色，小枝绿色；它的叶子呈椭圆形，很厚实，质地与皮革有些相似。

夜香木兰的花梗向下弯垂，花朵较大，呈饱满的圆球形，花冠是白色的，有时带点淡淡的粉色。

夜香木兰一般在夏天开花，花的香气清淡优雅，入夜后香气更浓郁。

蜡梅花

là méi huā

蜡梅是一种灌木植物，叶子是椭圆形的，边缘平滑无锯齿。

蜡梅通常在冬天开花，黄色的花朵有时带有红色的斑点，形状像小杯子，花瓣厚实，有蜡质的光泽。

蜡梅开放时，香气非常浓郁，闻起来甜甜的。

wàng chūn huā
望春花
（玉兰）

望春花别名辛夷，即玉兰。它的叶子是由5片卵圆形的小叶片组成的复叶。

望春花的花朵大而艳丽，花瓣外面为紫色，里面为白色或粉红色。

zhū jǐn
朱 槿

朱槿是锦葵科木槿属的常绿灌木，叶子是狭长的卵圆形，叶片顶端收缩变尖，有一个明显的长尖，边缘有粗粗的锯齿。

朱槿的花开在上部的叶腋间，通常花冠会向下垂，花冠呈漏斗形，多为玫瑰红色或淡红色、淡黄色，一年四季都能开花。

chánɡ chūn huā
长 春 花

长春花是一种低矮的灌木，它的茎是灰绿色的，叶子呈椭圆形，表面光滑而有光泽。

长春花几乎全年都可以开花，它的花朵小巧玲珑，花瓣通常是五片，常见的有粉红色、白色、紫色等。

jī guān huā
鸡冠花

鸡冠花可以长到30~80厘米高，叶子呈椭圆形，边缘平滑无锯齿，沿着茎互生排列。

鸡冠花最引人注目的是它的花朵，花朵聚集成一个大的、紧密的穗状花序，形状就像公鸡头上的鸡冠，因此得名。

mù fú róng
木 芙 蓉

木芙蓉的花朵非常大，花瓣扭曲弯折，看起来层层叠叠的，也叫重瓣花。

木芙蓉最特别的地方是在清晨时分，初开的花朵是白色或淡粉色的，随着太阳升起，花瓣逐渐变成粉红色，到了傍晚，花朵又变成了深红色，就像是喝醉了一样，因此又得名“醉芙蓉”。

红杏花
hóng xìng huā

杏树是一种非常高大的树，可以长到十几米高，树枝稍微向上伸展，新长出来的嫩枝是褐色或褐红色的，看起来很新鲜。

杏树的叶子很小巧，叶柄很短，叶片的形状是椭圆形的，有一个小叶尖。

盛开时的红杏花，艳态娇姿，仿佛胭脂万点，非常美丽。

fēi táo huā
绯 桃 花

绯桃树的树皮通常是灰褐色的，它的树枝向上伸展，叶子表面比较光滑，边缘有细小的锯齿。

绯桃花非常美丽，花瓣通常是五片，颜色以鲜艳的粉红色为主，有些还会带有一点白色的边缘。

绯桃花成簇开放，一簇簇的花挂满枝头，仿佛给整棵树披上了一件粉色的外衣。

sì jì jú
四 季 橘

四季橘的枝叶非常稠密，有很多细小的分枝，这些分枝上还长着一些小小的刺，叶子边缘有波浪状的钝齿。

它的花朵是白色的小花，香气扑鼻，一年可以多次开花。

四季橘的果实是橘黄色的，呈扁圆形，看起来就像一个小灯笼，但它的味道很酸，不适合吃。不过它们的外观非常漂亮，挂在树上就像装饰品一样，观赏效果极佳。

蜀葵花

shǔ kuí huā

蜀葵的株高可达2米，茎枝上密布着刺毛，蜀葵的叶子有5~7个浅裂或波状棱角，就像一片叶子被撕成好多条一样。

蜀葵的花朵非常大，直径为6~10厘米。花朵单生于叶腋间，或者排列成总状花序式，也就是沿着茎枝依次开放。它的花瓣呈倒三角形，顶端有一个小小的凹缺，底部则比较狭窄，像一个小爪子；花瓣的背面还长有一些细长的鬃毛。

jī shǐ téng
鸡 屎 藤

鸡屎藤是一种像藤蔓一样的灌木植物，它的枝条可以攀爬生长，而且表面光滑无毛。

它的叶子成对长在同一节上，这些叶子有的薄如纸张，有的稍微厚一点，形状变化很大，从心形到椭圆形都有可能。

鸡屎藤的花既可以长在叶子的腋下，也可以长在枝条的顶端。每个花序都有很多分枝，这些分枝上的花朵对称排列。花朵是浅紫色的，非常漂亮。

快来连一连吧！

腊梅花

红杏花

白木香

朱槿

绯桃花

蜀葵花

臭茉莉

鸡屎藤